ESSAI

SUR

LES HORLOGES PUBLIQUES.

ESSAI

SUR

LES HORLOGES PUBLIQUES,

POUR LES COMMUNES DE LA CAMPAGNE.

Dédié aux Habitans du Jura.

Par Antide JANVIER, Mécanicien-Astronome, de l'Académie des Sciences, Belles-Lettres et Arts de Besançon.

Avec figures en taille-douce.

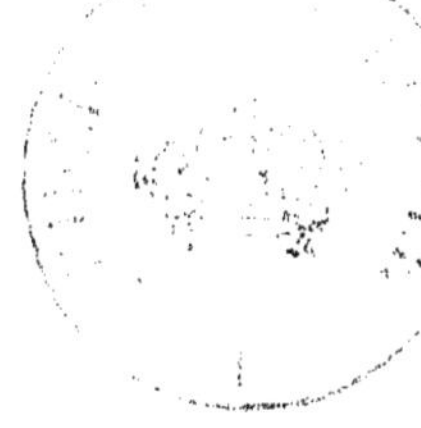

Trop insensé qui, séduit par la gloire,
Martyr constant d'un talent suborneur,
Se fait d'écrire un ennuyeux bonheur,
Et, s'immolant au soin de la mémoire,
Perds le présent pour l'avenir trompeur.

GRESSET.

DE L'IMPRIMERIE DE DOUBLET.

A PARIS,

Chez L'AUTEUR, au Palais des Beaux Arts.

1811.

AUX

INDUSTRIÉUX HABITANS

DES MONTAGNES DU JURA,

Arrondissement de la Sous-Préfecture de St.-Claude, des Communes de Morez, Morbier, Belle-Fontaine, Foncine et autres lieux;

Cet Ouvrage est dédié comme une marque particulière de souvenir.

A. JANVIER.

Paris, 25 Novembre 1810.

AVERTISSEMENT.

Vers la fin du 18.ᵉ siècle, les questions relatives au nouveau système horaire , proposé par la Convention nationale , me mirent en correspondance avec F. Berthoud; ce fut à la suite de longues discussions que nous arrêtâmes ensemble le plan de l'*Horloge publique pour les Communes de la campagne ,* et l'on s'étonnera sans doute qu'il n'en soit fait aucune mention dans la *Notice des principales recherches et des travaux de F. BERTHOUD , sur diverses parties des machines qui mesurent le temps, depuis 1752 , jusqu'en 1807* (1).

Je ferai cette seule observation : il est vraisemblable que l'auteur aura mieux aimé renoncer à la composition de cette machine que d'en partager l'honneur avec le moins exigeant de ses contemporains.

Si toutefois ce n'est pas le secret de

____

(1) Cette Notice, en cviii articles, est imprimée à la suite du supplément au Traité des montres à longitudes, page 51 jusqu'à la fin. Paris, 1807.

F. Berthoud (1) que nous dévoilons ici, l'erreur de notre supposition ne change rien à la nature de l'ouvrage, et s'il présente des vues d'utilité publique, les industrieux habitans du Jura sauront bien les apprécier. Dans cette Région salubre « il y a tel qui » travaille à la tranchée qui sauroit diriger » les approches, et tout homme qui se fait » honneur du nom de soldat, ne s'oblige » pas pour cela de ne porter qu'un mousquet (*H. Sully*).

Au reste, nul motif d'intérêt ou de vanité ne me guide : en publiant cet *Essai* (2) je n'ai que des intentions droites, et le seul désir d'être utile.

---

(1) Ce nom appartenant à la postérité, il me seroit aussi difficile de m'exprimer d'une autre manière que d'amalgamer Monsieur avec Racine ou J. J. Rousseau, depuis que je connois Phèdre et la lettre à Christophe de Beaumont, tant je me laisse aller plus volontiers aux inspirations d'un instinct qui ne me trompa jamais qu'à de prétendues convenances toujours opposées à la franchise de mon caractère.

> Dans cette gêne extrême,
> Je verrois mourir mes esprits :
> On n'est jamais bien que soi-même,
> Et me voilà tel que je suis.
>
>   G......

(2) Une partie des Additions est extraite des meilleurs ouvrages publiés sur la mesure du temps.

ESSAI

SUR

LES HORLOGES PUBLIQUES,

POUR LES COMMUNES DE LA CAMPAGNE.

AVANT-PROPOS.

LES Horloges publiques sont les machines le plus généralement utiles parmi celles qui servent à la mesure du temps, parce qu'elles règlent les momens du travail et des devoirs de tous les citoyens; mais elles sont encore plus particulièrement nécessaires aux habitans des campagnes, et c'est justement ceux-là qui sont, le plus souvent, privés de ce secours, par la difficulté de se procurer des Horloges dont le prix soit proportionné à leurs facultés.

Ce seroit donc rendre un service à la chose publique, d'exposer les moyens d'avoir de bonnes Horloges, faciles à exécuter, et par-là, d'un moindre prix. Tels sont les motifs qui me dirigent dans ce travail :

je le crois d'autant plus utile que, depuis l'invention des Horloges, peu d'auteurs ont traité de cette partie essentielle, et moins encore depuis que l'art de la mesure du temps a été perfectionné; en sorte que le travail des Horloges publiques a été presque totalement abandonné à des serruriers. Il n'y a eu que dans la Capitale, ou dans quelques grandes villes, que des Artistes intelligens ont construit des Horloges publiques avec beaucoup de perfection ; mais ces machines ne peuvent convenir qu'à des villes opulentes, et ce n'est pas pour de telles villes qu'est destiné le travail qui m'occupe, c'est uniquement pour les habitans de la campagne.

CHAPITRE PREMIER.

Lorsqu'un Artiste ou Mécanicien veut
composer une machine servant à la mesure
du temps : avant de travailler à sa construction il établit d'abord quel doit être le
degré de justesse que son usage exige ; et
il considère également la dépense que la
chose peut comporter. Si, par exemple, il
est question d'une Horloge astronomique
ou d'une Horloge marine, alors il doit travailler à réunir dans sa construction toutes
les ressources de l'art ; mais s'il compose
des pendules et des montres pour l'usage
ordinaire du public, il doit rechercher les
moyens les plus simples et les moins coû-
teux : enfin, si le même artiste veut procurer les moyens de construction d'une
Horloge publique qui puisse devenir d'un
usage général pour toutes les communes
des campagnes, il doit considérer particulièrement le besoin des habitans, c'est-à-

dire le degré de précision que comportent leurs travaux et leurs devoirs, dans l'usage qu'ils font de la mesure du temps; et le degré d'habileté que l'on peut attendre des ouvriers éloignés de la Capitale, soit pour exécuter ces machines, soit pour les entretenir et les réparer.

C'est en considérant les Horloges publiques sous ces divers points de vue, que nous allons proposer les moyens de construction que nous croyons propres à remplir ces conditions.

Nous établirons donc, pour base de notre travail, pour le moindre terme de justesse à exiger de l'Horloge publique, la quantité de deux minutes de variation en dix jours; et cette précision est même au-dessus du besoin des citoyens qui travaillent, car c'est aux gens oisifs seuls que l'on pourroit permettre d'en demander une plus grande.

Des principales conditions qui doivent servir à l'établissement de l'Horloge publique.

La condition la plus indispensable c'est

que cette machine soit réduite au plus petit volume possible et que la chose comporte ; par ce moyen l'on diminue la dépense, l'on réduit les frottemens de l'Horloge et les causes de destruction, en sorte qu'elle sera d'une plus longue durée.

La seconde condition, c'est que cette machine, après avoir été construite et exécutée dans une ville, habitation ordinaire des Artistes, puisse être transportée et placée dans le lieu de sa destination, sans difficulté et sans frais.

La troisième condition, c'est qu'un ouvrier ordinaire, en pendules, puisse exécuter en entier toutes les parties de l'Horloge.

Enfin, une dernière condition à exiger c'est que l'Horloge soit contenue en entier dans une boîte pareille à celles des pendules communes à poids, dans laquelle la machine sera fixée à demeure, savoir : le mouvement ou rouage, les poids, le pendule, et sous le moindre volume possible, en sorte que le tout soit transporté en même temps, et qu'il n'y ait qu'à la placer au lieu qui lui sera destiné ; et là seulement on

aura l'ajustement du marteau de la sonnerie à placer auprès de la cloche et le cadran.

Des moyens propres à remplir les conditions proposées.

Les Horloges publiques qui ont été faites
jusqu'à présent sont d'un trop grand volume, parce qu'en général on a employé
des cloches trop grandes, et par conséquent très-pesantes : dès-lors il a fallu employer des marteaux proportionnés au poids
de ces cloches, et c'est précisément la pesanteur du marteau de la sonnerie de l'Horloge qui détermine la grandeur du rouage
de sonnerie; et, sur cette grandeur, l'on a
en général, réglé celle du mouvement qui
mesure le temps (1)

---

(1) L'on est dans l'usage de donner cinq livres de pesanteur au marteau pour chaque cent livres de la pesanteur
de la cloche lorsqu'elle est d'un moyen volume.

Dans l'Horloge de la ville de Paris, la cloche qui sonne
les heures pèse environ huit mille livres. Le marteau pèse
avec le bras sur lequel il est monté environ cent cinquante
livres. Cette pesanteur est à peine suffisante pour une cloche
de ce volume et qui est d'une épaisseur hors de proportion.

La plus grande cloche des quarts pèse mille neuf cents
livres, et l'autre, mille cinq cent quatre-vingt. Les deux

Si l'on veut construire des Horloges d'un petit volume, et à la portée des bons ouvriers en pendules, il faut employer une petite cloche bien sonore, d'un ton argentin, celle-ci s'entendra de plus loin. D'ailleurs, pour son usage, il suffit qu'elle soit entendue par tous les habitans de la même commune, plus loin cela est inutile. Par une telle disposition on évitera une dépense considérable, les Horloges dureront bien plus long-temps, et sans réparations.

Dans les Horloges publiques actuelles on a généralement placé le cadran à une trop grande élévation, ensorte que, pour distinguer l'heure, on a été obligé de lui donner un très-grand diamètre (1). D'où il résulte deux grands défauts: celui d'avoir des aiguilles trop pesantes et exposées à être fatiguées par le vent, ce qui les rend plus difficiles à conduire et fait varier la force motrice, enfin cela cause une plus grande dépense.

---

marteaux pèsent, l'un soixante-dix livres et l'autre cinquante-quatre.

(1) Celui de l'Hôtel de Ville de Paris a plus de neuf pieds.

On doit donc exiger que le cadran n'ait pas plus de trois à quatre pieds de diamètre, et que son élévation ne passe pas vingt à vingt-cinq pieds.

L'Horloge publique ne doit avoir qu'une seule aiguille, qui fasse deux tours par jour; cette aiguille marquera les heures et les minutes de cinq en cinq minutes, ce qui est suffisant pour l'usage du public; par ce moyen on évitera la dépense et les frottemens qu'entraine une aiguille de minutes.

L'Horloge doit sonner l'heure seulement, toute autre subdivision est inutile pour la destination de cette machine.

La roue de sonnerie qui porte le cylindre, sur lequel s'enveloppe la corde du poids, doit aussi porter les chevilles pour faire frapper le marteau : c'est une mauvaise disposition à employer que de faire frapper le marteau par la seconde roue à cause du très-grand frottement de l'engrenage et des pivots.

L'Horloge publique n'étant destinée qu'à l'usage ordinaire des citoyens, on ne doit pas (comme nous l'avons dit) en exiger une précision au-dessus de leurs besoins. On ne doit donc point employer, dans le pendule d'une telle machine, les moyens de correction, pour les effets du chaud et du froid. Le pendule doit être tout simplement formé par une verge de fer.

Dans les premiers temps où l'on a fait des Horloges de clocher, elles étoient si mal construites, et si grossièrement exécutées, que l'on étoit obligé d'employer des poids énormes pour les faire marcher; ensorte que, pour remonter ces poids, on avoit été obligé d'ajouter une roue qui engrenoit dans un pignon à lanterne, dont l'axe portoit la manivelle; depuis le perfectionnement de ces machines on a continué à faire usage de ce remontoir jusque dans les petites Horloges de château où il étoit absolument inutile. Dans celle que nous proposons on fera agir immédiatement la manivelle sur l'arbre même de la première roue qui porte le cylindre, de la même manière que cela se pratique dans nos pendules à secondes.

CHAPITRE II.

CONSTRUCTION PROPOSÉE POUR L'HORLOGE PUBLIQUE.

L'HORLOGE dont nous proposons ici la construction, pour l'usage des Communes de la campagne, marquera les heures et les douxièmes d'heures, sur un cadran de trois pieds de diamètre, élevé de vingt-cinq pieds.

Les heures et les fractions ou parties de l'heure seront indiquées par une seule aiguille, conduite immédiatement, sans renvoi et sans jeu, par l'arbre de la première roue du mouvement.

Cette Horloge sonnera les heures seulement; elle marchera cinq jours sans être remontée; ainsi on la remontera deux fois tous les huit ou dix jours.

L'Horloge sera fixée dans une boîte solide dont nous indiquerons ci-après la disposition et les mesures.

La boîte de l'Horloge renfermera tout

ce qui constitue cette machine , les rouages et les poids , ainsi que le pendule.

Le pendule , régulateur de cette Horloge, sera attaché par sa suspension , au fond solide de la boîte , et de sorte qu'une fois placé à demeure il n'ait pas besoin d'être démonté. Par ce moyen on pourra démonter le mouvement pour le nettoyer , sans déranger le pendule, et par conséquent sans changer la marche de l'Horloge lorsqu'elle est réglée.

On pourra de même démonter et nettoyer le rouage de la sonnerie , sans déranger celui du mouvement.

L'Horloge ainsi fixée dans sa boîte , devra être placée le plus près qu'il se pourra du mur sur lequel doit être attaché le cadran , afin d'éviter la trop grande longueur de la tringle qui porte l'aiguille ; cette tringle devant être dans le même alignement que l'arbre de la première roue du mouvement , lequel conduit l'axe ou tringle de l'aiguille.

Il seroit convenable que les Horloges publiques des campagnes fussent placées dans une chambre haute de la Maison Commune, et que les soins de ces machines fussent confiés aux instituteurs qui pourroient même loger dans cette chambre.

La face de la boîte, en dedans de la chambre, sera percée et un carreau de verre laissera voir les heures et les minutes; ainsi, intérieurement, cette machine tiendra lieu de pendule.

La cloche devra être aussi élevée qu'il se pourra; elle devra être placée verticalement au-dessus du lieu où est l'Horloge, pour éviter les renvois du fil de fer qui lève le marteau.

La cloche doit être tout simplement fixée par trois montans en fer, recourbés en arc par le haut, pareils à ceux qui supportent les poulies des puits; par cette disposition on entendra mieux le son de la cloche, et la dépense sera moindre.

Le haut des supports de la cloche doit être recouvert par une calotte pour empêcher l'eau de s'introduire aux pivots de l'axe du marteau.

Du mouvement de l'Horloge ou rouage qui sert à mesurer le temps.

La cage du mouvement est verticale comme celle de nos pendules à secondes : cette cage est formée par deux platines et par quatre piliers.

La hauteur des platines A, B, (Pl. I), est de sept pouces ; la largeur A, D, quatre pouces ; et l'épaisseur une ligne $\frac{1}{2}$. La hauteur des piliers 1, 2, (Pl. III), est de vingt lignes.

Le mouvement est composé en tout de quatre roues, y compris celle d'échappement, et de trois pignons.

La première roue, qui est celle des heures, fait un tour en 12 heures ; elle porte une poulie à pointes, le poids est monté avec une corde sans fin, comme dans nos pendules à secondes, par ce moyen l'Horloge ne cesse pas de marcher pendant qu'on la remonte. Cette roue a 36 lignes de diamètre et 96 dents, elle engrène dans le pignon 16 de la seconde roue.

La seconde roue fait un tour en deux heures, elle a 30 lignes de diamètre et 120 dents ; elle engrenne dans le pignon 10 de la troisième roue.

La troisième roue a 25 lignes de diamètre et 100 dents ; elle engrenne dans le pignon 10 de la quatrième roue.

La quatrième roue est celle d'échappement, elle a 24 lignes de diamètre et 30 dents.

Ainsi la longueur du pendule est la même que celle du pendule à secondes, c'est-à-dire, trois pieds 8 lignes $\frac{1}{4}$.

L'échappement de cette Horloge est celui à ancre, à repos, pareil à celui de nos pendules ordinaires à secondes.

Les bras E, E, (Pl. I et II,) de l'ancre sont faits en cuivre afin que leur dilatation soit la même que celle de la platine. A l'extrémité de chacun de ces bras de cuivre est fixé, par une vis et deux pieds, un talon en acier F, F ; c'est sur chacun de ces talons que sont formés les repos et les plans de l'ancre ; ils doivent être trempés de la plus forte trempe, et conservés de toute leur dureté.

L'arbre de la roue des heures, ou première roue du mouvement M, porte au-dehors de chaque platine un pivot prolongé ayant quatre lignes de diamètre; sur ces pivots prolongés sont formés des quarrés dont nous allons expliquer l'usage.

Le pivot prolongé qui passe sur le dehors de la platine, du côté du cadran, sert à conduire la tringle qui porte l'aiguille des heures. Pour cet effet, sur le quarré, formé sur le pivot, est ajusté une assiette N, portant une fente O à son extrémité. A fleur du dehors de l'assiette, l'axe est tourné pour former une espèce de pivot P, (Pl. III) lequel entre dans le trou d'une seconde assiette Q, portée par l'axe ou tringle de l'aiguille. Cette dernière assiette porte une cheville R qui entre dans l'entaille de la première assiette, en sorte que celle-ci entraine, par le mouvement de la roue M des heures, l'axe de l'aiguille, et la fait tourner librement et sans jeu.

Cette espèce de brisure, faite à l'axe de l'aiguille, avec celui de la roue des heures, remédie à la gêne qui auroit lieu si les deux axes n'étoient pas parfaitement dans la même direction.

Le second pivot prolongé de l'arbre de la roue des heures, passe du côté de la face intérieure de l'Horloge, c'est-à-dire, le côté par lequel l'Horloge doit être remontée, conduite et réglée. Le quarré formé sur le pivot reçoit une assiette sur laquelie est rivé le cadran intérieur S (Pl. III) servant à remettre l'aiguille du cadran extérieur à l'heure.

Pour cet effet le cadran intérieur est gradué en heures, demies, quarts, etc. ; mais, pour remettre ainsi l'aiguille extérieure à l'heure actuelle, on conçoit que l'arbre de la roue des heures doit pouvoir tourner séparément de la première roue, ainsi que de la poulie du poids ; il faut donc que cette roue et la poulie qu'elle porte, soient ajustés à frottement sur son arbre, et que ce frottement soit assez fort pour que l'aiguille des heures, qui est à l'extérieur, étant agitée par le vent, ne puisse pas changer de place. Cet ajustement est facile au moyen d'une clavette à ressort qui pressera la roue contre une assiette fixée à l'arbre.

Le cadran intérieur porte 12 chevilles qui servent à faire lever les détentes et sonner l'heure.

D'après les notions que nous venons de donner du mouvement de l'Horloge ou du rouage qui mesure le temps, on voit qu'il n'y a point de roues de cadrature, ni de renvoi, ni par conséquent de jeu pour l'aiguille : la roue des heures étant mise en cage comme les autres roues, et portant elle-même la poulie du poids.

Pour connoître avec plus de précision la marche de l'Horloge et la régler en conséquence, la seconde roue du mouvement portera, du côté de la face intérieure, un pivot prolongé, sur lequel sera ajusté à frottement un cadran de minutes. Cette roue fait un tour en deux heures; ainsi le cadran sera divisé en 120 parties ou minutes, il marquera donc deux fois 60 etc.

Le pendule, régulateur de l'Horloge, est fixé, par sa suspension, sur le fond de la boîte, c'est-à-dire, du côté de la face extérieure, vers le grand cadran. Par cette disposition le pendule étant une fois mis en place, et l'Horloge étant réglée, on n'a pas besoin de le démonter lorsque l'on veut nettoyer le mouvement de l'Horloge.

Le pendule est suspendu par deux ressorts. La traverse supérieure des ressorts de suspension porte une vis qui entre dans un écrou du pont de suspension : cet écrou sert à régler l'Horloge, sans en arrêter le mouvement.

La hauteur du centre de suspension du pendule doit être la même que celle du centre de l'ancre d'échappement, et parfaitement dans la même direction en tout sens.

La verge du pendule est en fer, sa largeur doit être de 6 lignes, son épaisseur 3 lignes, la pesanteur de sa lentille 30 livres.

La verge du pendule doit être renforcée en largeur, et percée d'un trou d'un pouce de diamètre, à la hauteur du passage de l'axe ou tringle de l'aiguille du grand cadran ; cet axe se trouvant dans la même ligne verticale que la verge du pendule ; le trou doit être assez grand pour que, dans les plus grandes vibrations, elle ne puisse toucher à la tringle de l'aiguille des heures.

La fourchette portée par l'axe de l'ancre d'échappement doit être également renforcée et percée pour le passage de la tringle de l'aiguille, comme on le voit sur la
figure 2 (Pl. II).

Le bout inférieur de la fourchette F porte
une cheville ou cylindre S qui entre dans
une fente de la verge du pendule pour lui
communiquer l'action de l'échappement ;
ce cylindre doit pouvoir être conduit par
une vis de rappel R pour mettre l'Horloge
dans son échappement.

La cage du rouage du mouvement sera
placée, de même que celle de la sonnerie,
sur une table solidement établie dans la
boîte. Cette table sera élevée de quatre pieds
au-dessus du fond de la boîte; c'est au-dessous de cette table que doit descendre le
poids moteur du mouvement ou rouage du
temps.

L'intervalle qu'il y a entre le dessous de
la table de la boîte et son plancher est plus
grand qu'il n'est besoin pour la descente du
poids, en ne faisant marcher l'Horloge que
cinq jours sans la remonter, mais il vaut
mieux que le mouvement puisse rester un

jour de plus sans être remonté, nous donnerons, en conséquence, 18 lignes de diamètre à la poulie du poids portée par la roue des heures.

De la sonnerie de l'Horloge publique.

Le rouage de la sonnerie est placé horisontalement dans une cage formée par deux platines NN B (Pl. I) qui out chacune 10 pouces $\frac{1}{2}$ de longueur et 3 pouces $\frac{1}{2}$ de hauteur; l'épaisseur est de 2 lignes $\frac{1}{2}$; cette cage est formée par quatre piliers de cinq pouces de hauteur.

La cage du rouage de sonnerie est placée sur la même table de la boîte où est fixée celle du mouvement; ces deux cages sont placées dans le même alignement, au bout l'une de l'autre, les platines du derrière, ou côté du cadran étant affleurées à un même niveau.

Ces deux cages ainsi réunies forment une longueur N B C de 14 pouces $\frac{1}{2}$; les deux platines de derrière, des deux cages qui s'affleurent, doivent être liées l'une contre l'autre, par une barre Z (Pl. II), et deux fortes vis YY, afin d'assurer les effets des détentes qui doivent correspondre du rouage du mouvement à celui de la sonnerie.

Le rouage de la sonnerie est composé de trois roues et de trois pignons.

La première roue de sonnerie porte les chevilles $p\,p$ servant à faire frapper le marteau.

L'arbre de cette roue porte le cylindre sur lequel s'enveloppe la corde G du poids de la sonnerie (Pl. III). Cette roue a cinq pouces de diamètre et trois lignes d'épaisseur, elle porte 32 chevilles; ainsi pour sonner les heures, sans demies, elle doit faire 4 tours $\frac{7}{8}$ par jour, et 24 tours $\frac{3}{8}$ en cinq jours.

Le cylindre pour le poids de la sonnerie, aura 3 pouces de diamètre, et la corde ayant 2 lignes, un tour de cylindre exigera 119 lignes $\frac{4}{10}$ de corde, et 24 tours $\frac{3}{8}$ donneront très à peu près 20 pieds de corde pour faire marcher la sonnerie pendant cinq jours sans être remontée, et le poids étant mouflé il auroit 10 pieds de descente; mais comme il convient que le poids soit placé dans la boîte même de l'Horloge, il faut employer une double moufle, par cette disposition la descente du poids sera de cinq pieds.

La roue de chevilles, ou première de sonnerie, est placée près le dedans de la platine de derrière, c'est-à-dire, celle du côté du cadran extérieur, et le quarré, porté par l'arbre, est saillant en dehors de la platine de devant, pour remonter le poids de la sonnerie.

L'assiette de la première roue de sonnerie, porte, en dehors de la platine de derrière, une roue de 32 dents TT (Pl. III), et de douze lignes de diamètre, laquelle engrenne dans la roue de compte VV, de 78 dents et 29 lignes de diamètre : sur cette roue de compte est fixé le chaperon; l'un et l'autre sont placés en dehors de la platine de derrière.

En dehors de la roue de renvoi de la roue de compte, l'arbre de la première roue porte le pivot qui tourne dans le trou d'un pont solide, fixé en dehors de la platine.

La première roue de sonnerie a 108 dents, elle engrenne dans le pignon de la seconde roue qui a 18 dents.

La seconde roue de sonnerie a 64 dents et 3o lignes de diamètre, elle engrenne dans le pignon de la troisième roue, lequel a 12 dents.

La troisième roue a 8o dents et 28 lignes de diamètre, elle engrenne dans le troisième pignon de 8 dents qui est le pignon du volant.

La troisième roue de sonnerie fait un tour à chaque coup de marteau; son arbre porte un cercle, ayant une entaille à sa circonférence, dans laquelle descend un bras de la détente G (Pl. II) au moment précis où cette détente doit former l'arrêt de la sonnerie.

Le pignon de volant fait 10 tours à chaque coup de marteau. Son axe ou arbre porte deux bras diamétralement opposés HH et de même longueur; ces bras forment l'arrêt et le délai de la sonnerie; l'un sur le bras de la détente J et l'autre sur le *détentillon* K.

Les bras du volant portent chacun une cheville entaillée par le diamètre, l'une d'un côté du bras, l'autre du côté opposé, agissant comme j'ai dit, l'une sur la détente pour former l'arrêt et l'autre sur le détentillon pour le délai.

L'arbre de la détente est mis en cage dans la cage de la sonnerie, un des pivots roule dans un trou de la platine de devant ou de face, et l'autre dans le trou d'un pont L placé au dehors de la platine de derrière. Cette disposition du pont devient utile pour démonter la détente, et en faire les effets, sans démonter le rouage.

L'axe de la détente porte, en dedans de la cage, un second bras J, c'est celui qui forme l'arrêt de la sonnerie après qu'elle a sonné le nombre de coups déterminé par la roue de compte; le même bras de la détente est prolongé pour correspondre avec une broche S placée sur le bras du détentillon pour faire sonner l'heure.

La détente porte un troisième bras dont nous avons déjà parlé, c'est celui qui correspond au cercle porté par l'arbre de la troisième roue de sonnerie, et dont l'entaille détermine le moment où la détente doit descendre pour arrêter sûrement la sonnerie après que le marteau a frappé.

L'axe du détentillon est mis en cage dans

la cage du rouage du mouvement, et il est prolongé sur le dehors de la platine de devant et là son pivot est porté par un pont X. Cette disposition est également nécessaire pour démonter le détentillon et en faire les effets, et aussi pour que le bras de ce détentillon aille correspondre aux chevilles portées par le petit cadran des heures S (Pl. III) placé du même côté.

Les chevilles du petit cadran des heures agissant donc sur le premier bras du détentillon pour faire sonner l'Horloge, le second bras, qui passe dans la cage du rouage de sonnerie, soulève la détente J par le moyen de la cheville 8 et ce même bras porte un crochet ou cheville entaillée K qui sert à opérer le délai avec un des bras H H du volant.

Nous n'entrerons pas dans de plus grands détails sur les effets des détentes; ils se font selon les mêmes principes que dans les sonneries des pendules ordinaires, à cela près que les deux bras, portés par l'axe du volant, forment eux seuls et l'arrêt et le délai, au lieu que pour produire cet effet dans les pendules on le fait par la cheville de la roue d'arrêt et par la cheville de la roue de volant, et cela revient au même quant à l'effet. Mais, dans l'Horloge dont il est ici question, les effets étant produits par les bras seuls du volant, le mouvement ou cadran qui porte les chevilles pour faire détendre la sonnerie, éprouve moins de résistance que si cet arrêt se faisoit sur la roue de volant.

Le volant est placé en dehors de la platine de devant, ou de remonte. Cette disposition est nécessaire pour lui donner un plus grand diamètre.

Le volant est par ce moyen ajusté sur le pivot prolongé de son arbre; sur ce pivot est formé un quarré portant une assiette et un encliquetage dont l'effet sert à laisser tourner le volant après que l'arrêt s'est fait. Par ce moyen il épuise la force de mouvement qu'il auroit acquise, sans crainte que cet arrêt subit ne cause aucun accident (1)

---

(1) Au lieu d'encliquetage, on peut faire tourner le volant contre une assiette, avec une clavette à ressort, dont la pression occasionne un frottement moëlleux, cette méthode est préférable dans une machine d'une aussi petite dimension.

Le pivot prolongé du volant, en dehors de la platine de devant, d⌢it rouler dans une barette portée par ce⌣ ⌣ platine, afin d'avoir la facilité de démonter le volant et son axe sans démonter le rouage de sonnerie.

De la boîte qui doit renfermer ou contenir l'Horloge publique.

La boîte dans laquelle l'Horloge doit être fixée, doit, comme nous l'avons dit, contenir tout ce qui concerne cette machine, à l'exception du cadran et du marteau de la sonnerie; il seroit même à désirer que cette boîte pût porter en dehors le cadran, mais ceci dépend du local où cette Horloge doit être placée.

La boîte aura 6 pieds $\frac{1}{2}$ de haut, 3o pouces de large et 18 pouces de profondeur.

La boîte sera formée par un bâti principal fait avec 4 montans de 2 pouces en quarré, en bon bois de chêne; les montans seront liés entre eux par des traverses, 1°. au bas; 2°. à la hauteur de la table sur laquelle est fixée l'Horloge, c'est-à-dire, à quatre pieds au-dessus du plancher, et les troisièmes traverses lieront les 4 montans au haut de la boîte.

Sept pouces au-dessus de la table, il sera nécessaire de fixer, sur les deux montans qui forment le fond de la boîte, une traverse large et solide pour recevoir la suspension du pendule.

La table qui doit servir à fixer les cages de l'Horloge ne doit pas régner dans toute la largeur de la boîte; elle doit, au contraire, laisser, sur la droite en face, le passage du poids de la sonnerie.

Les deux cages, celle du mouvement et celle de la sonnerie, seront fixées, sur la table de la boîte, chacune par deux fortes vis, dont les têtes seront au-dessous de la table, et les vis entreront dans les trous taraudés à cet effet dans le corps des piliers inférieurs des cages.

Le bâti de la boîte doit être revêtu en dehors par des panneaux solides en bois de chène, surtout celui du fond; on mettra de pareils panneaux aux deux côtés, pour le plafond et pour le plancher.

Le devant de la boîte sera formé par deux panneaux ou portes, l'une au-dessus

et l'autre audessous de la table : la porte
supérieure servira à remonter l'Horloge,
et celle d'en bas pour recevoir les poids,
les placer, etc.

Le bas de la boîte de l'Horloge doit être
fixé au plancher du bâtiment par des pat-
tes bien scellées, et le haut attaché à un
mur solide, par une forte barre de fer.

Tableau du rouage de l'Horloge publique.

Mouvement.

Première roue	36 lig. diamet.	96 dents	
Poulie du Poids	18		pign.
Seconde roue	3o	120	16
Troisième roue	25	100	10
Quatrième roue	24	3o	10

Sonnerie.

Première roue	60 l.	108 d.	pign.
Cylindre	36		
Seconde roue	3o	64	18
Troisième roue	28	80	12
		Volant	8
Roue de compte	29	78	
Roue de renvoi placée sur l'arbre de la première			
roue.	12	32	
Chevilles pour lever le marteau	32.		

ADDITIONS.

ARTICLE PREMIER.

Du Pendule simple.

Sɪ l'on suspend à un fil flexible un corps quelconque A (Pl. I, fig. 2); si l'on éloigne ce corps de la ligne perpendiculaire *v*, pour l'amener en *x*, et qu'on l'abandonne ensuite à lui-même, l'action de la pesanteur le fera descendre en *v*, et par la vîtesse acquise il remontera à la même hauteur dont il étoit descendu; ensuite il redescendra par sa pesanteur, et continuera son mouvement de droite à gauche et de gauche à droite.

On nomme *Pendule simple* un corps A suspendu de cette manière et disposé à se mouvoir autour du point fixe *f* d'un fil supposé sans pesanteur.

On nomme *vibration* ou *oscillation*, le mouvement que fait le pendule pour aller de droite à gauche, ou pour revenir de gauche à droite.

Précis des lois du Pendule.

L'on démontre, 1°. que les Pendules qui décrivent des arcs quelconques, font leurs vibrations en des temps qui sont entre eux comme les racines quarrées de leurs longueurs.

2°. Que les longueurs des Pendules sont entre elles comme les quarrés des vibrations dans chacun: or plus un Pendule est long, plus il reste de temps à faire ses vibrations; ensorte que si les longueurs de deux Pendules sont entre elles comme 4 et 1, les temps des vibrations seront entre eux comme 2 et 1, racines quarrées de ces longueurs.

D'où il suit, que le Pendule 4 fera une vibration tandis que le Pendule 1 en fera deux.

Il suit encore que si ces Pendules oscillent durant le même espace de temps, les nombres des vibrations seront entre eux comme 1 est à 2; c'est-à-dire, réciproquement comme les racines quarrées des longueurs.

Les longueurs de deux Pendules sont entre elles réciproquement comme les quarrés des nombres des vibrations faites dans le même temps: donc si l'on connoît le nombre de vibrations que fait un Pendule dans un temps donné, et la longueur de ce Pendule, on en déduira la longueur de tout autre Pendule quelconque, si l'on sait le nombre de vibrations qu'il doit faire en un certain temps; et réciproquement la longueur d'un Pendule étant donnée, l'on trouvera quel est le nombre de vibrations qu'il fera en un certain temps; nous allons donner des exemples qui serviront à montrer comment la table des longueurs des Pendules a été construite.

La longueur du Pendule à secondes, c'est-à-dire,

qui fait 3600 vibrations par heure a été fixée par Huygens à 3 pieds 8 lignes $\frac{1}{3}$ (1).

Puisque les longueurs sont en raison réciproque des quarrés des nombres des vibrations faites en un même temps, c'est-à-dire, que si les Pendules font, l'un, une vibration par seconde, et l'autre deux, la longueur de celui-ci sera quatre fois moindre que celle du premier : il suit que la longueur du Pendule à demi-seconde, doit être de 9 pouces 2 lignes $\frac{1}{3}$.

PROBLÊME I.

La longueur d'un Pendule étant donnée, trouver le nombre de vibrations qu'il doit faire en une heure.

Les nombres d'oscillations faites dans le même temps sont en raison inverse des racines quarrées des longueurs. Supposant que la longueur du Pendule dont on veut trouver le nombre d'oscillations en une heure, est de 12 pouces, on aura la proportion suivante : *La racine quarrée de la longueur du pen-*

---

(1) Selon les expériences très-précises faites depuis par MM. de Mairan et Bouguer, rapportées dans les *Mémoires de l'Académie*, la longueur du Pendule simple qui bat les secondes à Paris, a été fixée à 3 pieds 8 lignes $\frac{57}{100}$ *pied-de-Roi*, différence très-petite puisqu'il n'y a que $\frac{7}{100}$ de plus que n'avoit trouvé Huygens. Voyez les *Étrennes chronométriques.* pour 1811, page 144.

dule à secondes (1)*, est à la racine quarrée de celle du pendule donné, comme le nombre cherché x de vibrations de ce pendule est à 3600 vibrations du pendule à secondes :* réduisant l'un et l'autre Pendule en demi-lignes, on aura : la racine quarrée de 881 est à la racine quarrée de 288, comme x est à 3600 : la racine quarrée de 881 est d'environ 29,68 : et celle de 288 est 16,97 : on a donc : 29,68 est à 16,97 comme x est à 3600 : c'est-à-dire, que le Pendule qui a 12 pouces de longueur, fait 6296 vibrations par heure. Nous trouvons quelque chose de moins parce que nous n'avons poussé que jusqu'à deux décimales l'extraction de la racine; mais cela suffit pour donner une idée de la méthode que l'on doit suivre pour trouver le nombre des vibrations d'un Pendule quelconque en un temps donné.

PROBLÈME II.

Le nombre de vibrations qu'un pendule fait par heure étant donné, trouver la longueur de ce pendule.

Les longueurs des Pendules étant entre elles dans la raison inverse des quarrés des nombres de leurs vibrations dans le même temps, on aura la proportion suivante : *le quarré des vibrations du pendule cherché est au quarré des vibrations du pendule à*

---

(1) Supposé de 3 pieds 8 lignes $\frac{1}{2}$.

secondes, comme la longueur du pendule à se-
condes est à celle du pendule cherché.

Soit 1800 le nombre de vibrations que doit faire
par heure le pendule cherché; on élevera 1800 au
quarré, c'est-à-dire, on multipliera ce nombre par
lui-même, et l'on multipliera de même 3600 vibrations du Pendule à secondes; et l'on aura 3,240,000
est à 12,960,000, comme 3 pieds 8 lignes $\frac{1}{2}$, et,
en ôtant les zéros pour plus de facilité, 324 est à
1296, comme 3 pieds 8 lignes $\frac{1}{2}$ est à x; et 324 étant
à 1296 comme 1 est à 4, on a 1 est à 4 comme 3
pieds 8 lignes $\frac{1}{2}$ est à x, ainsi multipliant les termes
moyens, et divisant par l'extrême connu, on a la va-
leur de x égale à 12 pieds 2 pouces 10 lignes qui est
la longueur du pendule qui fait 1800 vibrations par
heure: c'est en suivant cette méthode que lon peut
former une table des longueurs des pendules.

Mais l'usage des Logarithmes épargne bien de la
peine; et nous désirerions que ce terme de *Logari-*
thmes (1), n'effrayât pas les laborieux citoyens qui,

---

(1) L'invention des Logarithmes, que Ne-
per publia en 1614, consiste dans cette remarque fondamentale: si, à côté d'une progression géométrique 1, 10, 100, etc., on met
une progression arithmétique 0, 1, 2, 3, etc.,

1	0
10	1
100	2
1000	3
10000	4

les termes de celle-ci représentent par leur addition ce que
les autres font par leur multiplication; et on les appelle
Logarithmes, parce qu'ils indiquent la marche des nombres:
ainsi, en ajoutant 1, qui est le Logar. de 10, avec 3, qui
est le Logar. de 1000, ou a 4, qui est celui de 10000.

dans le Jura, employent d'une manière si honorable
et si utile le temps qu'ils nous aident à mesurer; car,
avec des tables de Logarithmes, ils décuploient leurs
opérations, les rendroient plus faciles et plus sûres.
C'est par leur moyen que la table des longueurs des
Pendules (page 47) a été calculée (1).

Usage de la Table des longueurs des pendules.

Par le moyen de cette table on trouve dans l'instant le nombre de vibrations qu'un Pendule, de longueur donnée, doit faire dans une heure; ce qui sert
à déterminer le nombre des dents du rouage. Voulant,
par exemple, appliquer à une Horloge un Pendule
qui ait cinq pieds de longueur; on verra dans la table
quel est le nombre de vibrations qui répond à cinq
pieds, ou le plus approchant, on trouvera 2800 à
côté de 5 pieds 8 lignes $\frac{29}{100}$, c'est-à-dire, qu'un Pendule de cette longueur fera 2800 vibrations par
heure.

Si au contraire on a un rouage donné, et que le
nombre des dents soit déterminé, et par conséquent
les vibrations, on trouvera dans la table, à côté de
ce nombre, la longueur du Pendule qui lui est convenable.

____

(1) On trouve sur le même principe que pour faire avan-
cer une Horloge à secondes, d'une minute par jour, il faut
raccourcir le Pendule de 0 lig. 6116 ou environ 6 dixièmes
de ligne, et pour une seconde par jour, de 0 lig. 01 ou un
centième de ligne.

ARTICLE II.

De la division du temps.

Définitions du temps vrai et du temps moyen.

On demandoit à un voyageur qui avoit parcouru cette Grèce encore célèbre par les débris des monumens, si ces lieux étoient fréquentés: *nous n'y avons trouvé*, répondit-il, *que le temps qui démolissoit en silence.* Il seroit difficile de prouver d'une manière plus énergique, que tout s'opère *dans le temps* et *avec le temps*; mais ce n'est pas l'objet que nous avons en vue.

Le temps qui s'écoule depuis le passage du soleil au méridien, jusqu'à son retour au même méridien, est celui que les astronomes appellent *jour solaire.*

Le jour se divise en 24 parties égales qu'on appelle *heures*: l'heure se divise en 60 parties appelées *minutes*; et la minute se divise en 60 parties qu'on appelle *secondes*: un jour contient donc 1440 minutes, l'heure 3600 secondes, et un jour contient 86400 secondes.

Tous les jours de l'année ne sont pas exactement de 24 heures; car tantôt le soleil emploie 24 heures et quelques secondes, depuis le midi d'un jour au midi suivant, et tantôt 24 heures moins quelques secondes, depuis le midi d'un autre jour au midi suivant, etc.

Le mouvement du soleil est donc variable, ainsi qu'il est aisé de s'en convaincre. Car si l'on a une bonne Pendule à secondes dont le mouvement est uniforme, et qui soit tellement réglée, qu'après avoir été mise à l'heure avec le soleil un jour quelconque, elle marque autant de fois midi que le soleil, et qu'au bout d'un an, à pareil jour, le midi de la Pendule se rencontre avec celui du soleil, alors on verra que dans les autres jours de l'année la Pendule marquera midi, tantôt avant et tantôt après celui du soleil : or puisque la Pendule est supposée se mouvoir d'un mouvement uniforme, il faut nécessairement que la différence des deux midi soit causée par la variation du soleil.

Les différences que l'on aura aperçu entre le midi de la Pendule et celui du soleil, prouvent donc l'inégalité des jours et des heures qui sont mesurées par le soleil. C'est par cette raison que les astromomes ont été obligés d'imaginer des jours *fictifs* tous égaux entre eux, et moyens proportionnels entre le plus long et le plus court des jours solaires inégaux.

On appelle *temps-moyen* celui qui est ainsi réduit à l'égalité; c'est le même qui est marqué par la Pendule comparée comme nous venons de le dire.

Le temps qui est mesuré par le méridien, c'est-à-dire, par le midi du soleil, est celui qu'on appelle *temps vrai*; et l'on appelle *équation du temps*, la différence que l'on aura vu chaque jour entre le midi du soleil et celui de la Pendule, c'est-à-dire, que l'équation est la différence du temps vrai au temps moyen.

Les astronomes ont dressé des tables qui marquent, pour tous les jours de l'année, la différence du midi du soleil au midi de la Pendule, c'est-à-dire, du temps vrai au temps moyen.

C'est d'après ces tables, qu'on nomme *tables d'équations,* qu'est dressée celle qui est à la fin de cet ouvrage, sous le titre de *temps moyen qu'une Horloge doit marquer quand il est midi au soleil.* Les différences ne sont indiquées que de cinq en cinq jours, pour tous les mois de l'année; mais cette aproximation est suffisante pour l'usage civil.

ARTICLE III.

Manière de tracer, sur un plan horisontal (1), *une ligne méridienne, propre à régler les Horloges.*

Ayez une pierre (2) A B C D (Pl. I, fig. 3), bien droite et unie, que vous poserez horisontalement au moyen d'un niveau; pour cet effet, vous ferez caler la pierre jusqu'à ce que le fil du niveau reste toujours dans la ligne verticale: après quoi il faudra la fixer solidement. Placez à l'extrémité de cette pierre, du côté où le soleil paroît à midi, le style ou in-

---

(1) On nomme *horisontal* un plan qui ne penche d'aucun côté; telle est sensiblement la surface d'une table, ou plus exactement celle de l'eau qui repose dans un vase.

(2) Il faut lui donner deux ou trois pieds de longueur; car plus la ligne que l'on tracera sera longue, et le *style* ou *index* élevé, et plus la méridienne sera juste.

dex E G (1), dont la plaque E soit percée à son centre d'un trou qui ait environ une ligne de diamètre,
et soit propre à laisser passer la lumière du soleil;
par le milieu de ce trou faites passer le fil de l'a-
plomb, fig. 4; marquez sur la pierre le point qui répond au-dessous de la pointe *n* : de ce point F, comme
centre, tracez avec un compas les circonférences
a, *b*, *c*. Observez avant 9 heures ou 9 heures et
demie, le moment auquel la lumière qui passe par le
trou du style, viendra couper cette circonférence;
marquez bien exactement dans la circonférence *c*, et
par le milieu de la lumière, le point H sur le plan;
observez après midi le moment où la lumière viendra couper la même circonférence au point I; divi-

---

(1) Pour trouver la hauteur du style, il faut mesurer la
distance du point F, jusqu'à l'extrémité M de la pierre;
ce qui donnera la longueur de la ligne méridienne. Ce
point F se trouvera, à peu près, en réservant à l'extrémité
G de la pierre et en dehors de F, la place pour la base G
du style, comme on le voit dans la figure. Ayant ainsi
trouvé la longueur F M de la ligne on cherchera dans la
table *des hauteurs que doivent avoir les styles* (p. 52), qu'elle
est celle qui convient à cette ligne, que je suppose de 2
pieds; on trouve dans la table, à côté de 2 pieds, le nombre 7 pouces 7 lignes. On fera donc un style G E, qui soit
tel que de E en F, il y ait juste 7 pouces 7 lignes : on le fi-
xera après la pierre : de cette manière on sera certain,
qu'en hiver, lorsque le soleil est le moins élevé sur l'hori-
son, l'ombre de la plaque ne portera ni trop en dehors du
plan, ni trop en dedans.

sez l'arc **H I** en deux également : du milieu *c* et du
point **F**, menez la ligne **M F** qui sera la méridienne
cherchée.

La saison la plus convenable pour tracer une méridienne horisontale par cette méthode, est le Solstice
d'hiver ; l'ombre du style étant pour lors la plus longue, on opère avec plus de précision. On pourroit
choisir également le Solstice d'été ; mais il est plus
difficile de s'assurer de la justesse des opérations,
parce que l'ombre est alors la plus courte ; à moins
qu'en rehaussant le style, les points correspondans
puissent se trouver aussi éloignés l'un de l'autre qu'en
hiver.

Si l'on trace la méridienne par cette méthode en
tout autre temps que vers les Solstices, il y a une petite erreur à corriger. Lorsqu'on s'éloigne des Solstices la déclinaison du soleil change sensiblement dans
l'intervalle qui se trouve entre les instans où l'on
marque les points de lumière correspondans sur le
même cercle, et plus cet intervalle est long, plus ce
changement est sensible, surtout vers les équinoxes.

Pour bien comprendre cette construction, il faut
observer que si le soleil va du Solstice d'été au Solstice d'hiver, il est plus élevé, dans les pays septen-
trionaux, avant midi qu'après midi, quand il est à la
même distance du méridien de part et d'autre : et par
conséquent l'ombre du style est plus courte le matin

que le soir dans les momens également éloignés de midi : ainsi en prenant des ombres égales du style, la ligne que l'on tireroit du milieu des points **H I**, par le point **M**, ne seroit pas la vraie méridienne; elle s'en écarteroit un peu vers le point **H**, marqué avant midi.

On peut corriger cette petite différence par le moyen d'une table de l'équation des hauteurs corres-pondantes, la déclinaison du soleil étant connue; mais ce détail nous meneroit trop loin.

Il ne faut donc employer la méthode précédente qu'aux environs du Sosltice d'hiver, parce que le point de midi que l'on trouve au Solstice d'été est toujours trop près du pied du style : et si l'on n'a pas marqué bien exactement les points où le centre de lumière aura coupé les circonférences concentriques *a b c,* ou s'il y a quelque erreur sur la détermination du pied du style, la méridienne ne sera pas exacte; l'on peut dire que les mêmes inconvéniens se trou-vent au Solstice d'hiver; mais l'on doit considérer que les erreurs commises au Solstice d'hiver, diminuent à mesure que le soleil s'approche du Solstice d'été, au lieu que les erreurs faites au Solstice d'été augmen-tent à mesure que le soleil s'approche du Solstice d'hiver.

ARTICLE IV.

Tracer une méridienne par le secours de l'Étoile polaire.

L'étoile polaire n'étant éloignée du pôle que d'environ deux degrés, elle désigne toujours à peu près le nord, en quelque temps qu'on l'observe; mais si l'on choisit l'instant où elle est dans le méridien, quand on s'y tromperoit même de plusieurs minutes, on aura, par le moyen de cette étoile, la direction du méridien avec une très-grande précision. Il suffira d'élever deux fils à plomb, le long desquels on puisse viser ou s'aligner à l'étoile. En faisant cette operation deux fois, quand l'étoile est le plus à l'orient et le plus à l'occident, et prenant le milieu, on auroit exactement la méridienne.

Pour trouver, sans aucun calcul, le temps où l'étoile polaire passe au méridien, il suffit d'observer le temps où elle est dans le vertical de la première des trois étoiles de la queue, ou celle qui est la plus voisine du quarré de la grande ourse. On a reconnu que cette étoile est opposée à l'étoile polaire, de façon qu'elles passent ensemble au méridien, l'une au-dessus du pôle, l'autre au-dessous; ainsi quand elles sont ensemble dans un même vertical, dans un même à-plomb, on est sûr qu'elles sont toutes deux au méridien: si dans ce moment on aligne deux fils ou deux règles verticales vers ces deux étoiles, les deux objets ainsi alignés, seront dans le méridien, et marqueront sur le parquet, ou tout autre plan, la direction de la méridienne.

Cette opération peut se faire, surtout dans le crépuscule, au mois de mai et au mois de juin, avec deux fils à plomb, de manière à ne pas se tromper de

quatre minutes sur le temps où ces deux étoiles passent dans le même vertical, et quatre minutes d'erreur ne feroient pas un quart de minute sur le moment du midi que l'on observeroit ensuite par le
moyen de cette méridienne; mais si l'on ne prenoit
pas l'heure du passage de l'étoile polaire au méridien, on pourroit commettre une erreur de deux
degrés cinquante minutes sur la direction de la méridienne, et il en résulteroit un quart d'heure d'erreur sur l'instant du midi.

Ces deux étoiles passoient exactement ensemble
dans le méridien, en 1751; mais l'étoile de la grande
ourse devance l'autre d'une minute treize secondes et
demie, tous les dix ans; et, en 1811, elle doit passer
environ 7 minutes 20 secondes plutôt que l'étoile
polaire.

Si l'on désiroit une extrême exactitude, il faudroit
donc s'assurer, par le moyen de deux fils à plomb,
du moment où les deux étoiles ont passé par le
même vertical; attendre ensuite 7 minutes 20 secondes, et diriger alors les deux fils à plomb à l'é-
toile polaire seule, sans égard à la première étoile,
qui aura déjà passé au-delà du vertical et du méridien.

ARTICLE V.

*Manière de régler une Horloge par les étoiles
fixes.*

La révolution de la terre, par rapport aux étoiles

fixes, se fait d'un mouvement uniforme; elle est constament de 23 heures 56 minutes 4 secondes de temps moyen, c'est-à-dire, de 3 minutes 56 secondes de moins que la révolution journalière moyenne de la terre par rapport au soleil.

Si on observe le passage d'une étoile par le méridien, ou par tout autre point du ciel, en marquant l'heure, la minute et la seconde qu'il est dans ce moment à l'Horloge que l'on veut régler; si le lendemain, au retour de l'étoile au même point du ciel, on marque encore l'heure, la minute et la seconde qu'indique l'Horloge; on saura facilement si elle est réglée sur le temps moyen: car si elle marque 3 minutes 56 secondes de moins que la veille, c'est-à-dire, si ayant marqué 10 heures juste, elle marquoit le lendemain 10 heures moins 3 minutes 56 secondes, ce seroit une preuve que l'Horloge est parfaitement réglée sur le temps moyen; si, au contraire, elle différoit de cette quantité, en plus ou en moins, il faudroit raccourcir ou alonger le pendule, en conséquence de ce retard.

Si on laisse écouler plusieurs jours sans revoir l'étoile: pour savoir l'heure que devra marquer l'Horloge à l'instant de la seconde observation, il faudra ajouter autant de fois 3 minutes 56 secondes qu'il s'est écoulé de jours, et l'on aura la quantité dont l'Horloge devra retarder sur l'étoile fixe.

Nous donnons une table de l'accélération des étoiles fixes sur le temps moyen depuis un jour jusqu'à

32; par-là on sera dispensé de multiplier 3 minutes 56 secondes par le nombre de jours écoulés entre deux observations; car si l'on est 10 jours sans voir l'étoile, la table indique que l'étoile a avancé de 59 minutes 19 secondes sur le moyen mouvement (1).

Pour trouver le temps du retour d'une étoile au même point du ciel, on peut élever deux fils à plomb, éloignés l'un de l'autre, à peu près dans la direction du méridien, et observer le moment où le rayon visuel, passant par les deux fils, rencontre l'étoile, ou fixer au hazard une lunette à deux verres convexes à un plan inébranlable quelconque. Car, alors on pourra déterminer le temps des révolutions diurnes des étoiles, ou celui de leur retour à un même point fixe, par l'instant où celles qu'on aura remarqué dans la lunette en sortiront et disparoîtront sur le bord de son champ. Ou enfin fixer quelque part une plaque

---

(1) Il faut observer que l'accélération des étoiles n'est pas exactement de 3 minutes 56 secondes sur le moyen mouvement (comme nous l'avons supposé pour abréger); mais qu'elle est de 3 minutes 55 secondes 54 tierces, c'est-à-dire, que les étoiles accélèrent 6 tierces de moins par jour. Si on laissoit écouler plusieurs jours entre les deux observations, il faudroit tenir compte de ces 6 tierces : c'est par cette raison que l'on voit dans la table, qu'au bout de 10 jours l'étoile avance d'une seconde de moins qu'elle n'auroit fait, si son accélération étoit exactement de 3 minutes 56 secondes par jour. Voyez page 50.

de tôle percée d'un petit trou où l'on puisse appliquer l'œil pour observer l'instant où une étoile disparoît derrière un édifice éloigné, une pointe de rocher ou tel autre objet que les localités permettront de choisir.

OBSERVATION.

Il faut avoir soin de ne pas prendre une des planètes pour une étoile fixe, parce qu'elles ont un mouvement propre qui causeroit de l'erreur; mais il est aisé de ne pas s'y tromper, car les planètes paroissent beaucoup plus grandes avec la lunette, au lieu que les étoiles fixes ne sont pas sensiblement augmentées, à cause de leur prodigieux éloignement; d'ailleurs elles ne scintillent point et sont beaucoup moins brillantes. Pour ne pas courrir le risque de se tromper dans le choix de l'étoile dont on doit observer le retour, et pouvoir la retrouver, on remarquera sa situation par rapport à celles qui l'environnent; par ce moyen on la reconnoîtra facilement.

TABLE

Qui marque la longueur que doit avoir un pendule simple, pour faire en une heure un nombre de vibrations donné, calculée pour différentes longueurs, depuis 2 pou. jusqu'à 80 pie.

Nombre de vibrations par heure.	Longueur du pendule. pieds.	pouc.	lign.	cen. de lig.	Nombre de vibrations par heure.	Longueur du pendule. pieds.	pouc.	lign.	cent. de lign.
15400	0	2	0	07	12800	0	2	10	85
15300	0	2	0	39	12700	0	2	11	40
15200	0	2	0	71	12600	0	2	11	96
15100	0	2	1	04	12500	0	3	0	54
15000	0	2	1	38	12400	0	3	1	13
14900	0	2	1	72	12300	0	3	1	74
14800	0	2	2	07	12200	0	3	2	36
14700	0	2	2	42	12100	0	3	3	00
14600	0	2	2	78	12000	0	3	6	65
14500	0	2	3	16	11900	0	3	4	52
14400	0	2	3	55	11800	0	3	5	01
14300	0	2	3	92	11700	0	3	5	71
14200	0	2	4	32	11600	0	3	6	43
14100	0	2	4	72	11500	0	3	7	17
14000	0	2	5	13	11400	0	3	7	95
13900	0	2	5	55	11300	0	3	8	72
13800	0	2	5	98	11200	0	3	9	52
13700	0	2	6	42	11100	0	3	10	34
13600	0	2	6	87	11000	0	3	11	19
13500	0	2	7	35	10900	0	4	0	06
13400	0	2	7	80	10800	0	4	0	96
13300	0	2	8	28	10700	0	4	1	37
13200	0	2	8	77	10600	0	4	2	82
13100	0	2	9	27	10500	0	4	3	79
13000	0	2	9	79	10400	0	4	4	79
12900	0	2	10	31	10300	0	4	5	32

TABLE.

Nombre de vibrations par heure.	Longueur du pendule.				Nombre de vibrations par heure.	Longueur du pendule.			
	pieds.	pouc.	lign.	cen. de lig.		pieds.	pouc.	lign.	cent. de lign.
10200	0	4	6	88	7200	0	9	2	14
10100	0	4	7	97	7100	0	9	5	26
10000	0	4	9	10	7000	0	9	8	52
9900	0	4	10	26	6900	0	9	11	93
9800	0	4	11	45	6800	0	10	3	48
9700	0	5	0	68	6700	0	10	7	19
9600	0	5	1	95	6600	0	10	11	08
9500	0	5	3	26	6500	0	11	3	14
9400	0	5	4	62	6400	0	11	7	40
9300	0	5	6	02	6300	0	11	11	86
9200	0	5	7	46	6200	1	0	4	53
9100	0	5	8	95	6100	1	0	9	45
9000	0	5	10	49	6000	1	1	2	60
8900	0	6	0	08	5900	1	1	8	02
8800	0	6	1	73	5800	1	2	1	73
8700	0	6	3	45	5700	1	2	7	74
8600	0	6	5	20	5600	1	3	2	07
8500	0	6	7	03	5500	1	3	8	75
8400	0	6	8	92	5400	1	4	3	81
8300	0	6	10	88	5300	1	4	11	26
8200	0	7	0	91	5200	1	5	7	16
8100	0	7	3	02	5100	1	6	3	52
8000	0	7	5	21	5000	1	7	0	39
7900	0	7	7	48	4900	1	7	9	81
7800	0	7	9	85	4800	1	8	7	82
7700	0	8	0	30	4700	1	9	6	48
7600	0	8	2	85	4600	1	10	5	84
7500	0	8	5	51	4500	1	11	5	97
7400	0	8	8	27	4400	2	0	6	93
7300	0	8	11	14	4300	2	1	8	85

Nombre de vibrations par heure.	Longueur du pendule.				Nombre de vibrations par heure.	Longueur du pendule.			
	pieds.	pouc.	lign.	cen. de lig.		pieds.	pouc.	lign.	cent. de ign.
4200	2	2	11	69	2500	6	4	1	57
4100	2	4	3	67	2400	6	10	7	28
4000	2	5	8	86	2300	7	5	11	36
3900	2	7	3	38	2200	8	2	3	71
3800	2	8	11	42	2100	8	11	0	74
3700	2	10	9	08	2000	9	10	11	45
3650	2	11	8	58	1900	10	11	9	66
3600	3	0	8	57	1800	12	2	10	28
3550	3	1	9	07	1700	13	8	7	71
3500	3	2	10	11	1600	15	5	10	40
3400	3	5	1	93	1500	17	7	5	69
3300	3	7	8	52	1400	20	2	9	17
3200	3	10	5	59	1300	23	5	6	62
3100	4	1	6	15	1200	27	6	5	15
3000	4	4	10	42	1100	32	9	2	86
2900	4	8	6	93	1000	39	7	9	87
2800	5	0	8	29	900	48	11	5	15
2700	5	5	3	24	800	61	11	5	68
2600	5	10	4	64	700	80	11	0	81

Principes.

Le nombre des vibrations dans un même temps, est en raison réciproque de la durée de chacune d'elles; c'est pourquoi les nombres des vibrations que feront dans le même temps deux pendules, seront comme les racines de leurs longueurs, ou les quarrés de ces nombres seront comme les longueurs elles-mêmes.

De l'accélération des Étoiles fixes sur le moyen mouvement du Soleil, pour trente-deux jours, page 44 et suivantes.

Jours.	H.	M.	S.	Jours.	H.	M	S.
1	0	3	56	17	1	6	50
2	0	7	52	18	1	10	46
3	0	11	48	19	1	14	42
4	0	15	44	20	1	18	38
5	0	19	39	21	1	22	34
6	0	23	35	22	1	26	30
7	0	27	31	23	1	30	26
8	0	31	27	24	1	34	22
9	0	35	23	25	1	38	17
10	0	39	19	26	1	42	13
11	0	43	15	27	1	46	9
12	0	47	11	28	1	50	5
13	0	51	7	29	1	54	1
14	0	55	3	30	1	57	57
15	0	58	58	31	2	1	53
16	1	2	54	32	2	5	49

L'accélération des étoiles n'est pas de 3 min. 56 sec. sur le moyen mouvement, comme on le suppose pour la facilité du calcul; mais elle est exactement de 3 min. 55 sec. 54 tierces. C'est par cette raison que l'on voit dans cette table, qu'au bout de 10 jours l'étoile avance d'une seconde de moins qu'elle n'auroit fait si l'accélération étoit de 3 min. 56 secondes juste.

Du *Temps* moyen qu'une *Horloge* doit marquer quand il est midi au Soleil.

Jours.	JANVIER.			FÉVRIER.			MARS.			AVRIL.		
	H.	M.	S.	H.	M.	S.	H.	M.	S.	H.	M.	S.
1	0	5	48	0	13	56	0	12	40	0	4	5
5	0	5	59	0	14	23	0	11	52	0	2	53
10	0	7	49	0	14	37	0	10	59	0	1	27
15	0	9	43	0	14	51	0	9	16	0	0	6
20	0	11	21	0	14	7	0.	7	47	11	58	55
25	0	12	39	0	13	26	0	6	15	11	57	54

Jours.	MAI.			JUIN.			JUILLET.			AOUST.		
	H.	M.	S.	H.	M.	S.	H.	M.	S.	H.	M.	S.
1	11	56	57	11	57	18	0	3	15	0	5	58
5	11	56	30	11	57	57	0	4	0	0	5	41
10	11	56	9	11	58	51	0	4	48	0	5	6
15	11	56	2	11	59	52	0	5	26	0	4	16
20	11	56	8	0	0	56	0	5	52	0	3	13
25	11	56	28	0	2	00	0	6	4	0	1	58

Jours.	SEPTEMBRE.			OCTOBRE.			NOVEMBRE.			DÉCEMBRE.		
	H.	M.	S.	H.	M.	S.	H.	M.	S.	H.	M.	S.
1	11	59	57	11	49	49	11	43	46	11	49	11
5	11	58	41	11	48	35	11	43	47	11	50	45
10	11	57	0	11	47	10	11	44	5	11	52	56
15	11	55	16	11	45	57	11	44	45	11	55	17
20	11	53	31	11	44	58	11	45	46	11	57	44
25	11	51	47	11	44	15	11	47	7	0	0	14

Cette table est dressée pour une année moyenne entre deux bissextiles, comme 1810, 1814, 1818, etc.

Qui marque les hauteurs que doivent avoir les styles, pour des longueurs données de lignes méridiennes.

Longueur de la ligne méridienne.		Hauteur du style.		
pieds.	pouces.	pieds.	pouces.	lignes.
0	6	0	1	10
0	10	0	3	2
1	0	0	3	9
1	3	0	4	9
1	6	0	5	8
2	0	0	7	7
2	3	0	8	6
2	6	0	9	9
3	0	0	11	5
3	6	1	1	3
4	0	1	3	3
5	0	1	7	1
6	0	1	10	11
7	0	2	2	9
8	0	2	6	7
9	0	2	10	5
10	0	3	2	3
12	0	3	9	10
14	0	4	5	5
15	0	4	9	7
17	0	5	5	1
20	0	6	4	7
24	0	7	7	9
30	0	9	6	10

P. S. L'essai sur l'horlogerie, *dans lequel on traite de cet art, relativement à l'ufage civil, à l'astronomie et à la navigation, en établissant des principes confirmés par l'expérience,* est un livre nécessaire à tout Artiste jaloux de la perfection de ses ouvrages; mais il est d'un trop grand prix pour la majorité des ouvriers.

C'est pour cette honorable majorité, qui alimente le commerce de l'horlogerie, que nous avons placé à la fin de cet Essai plusieurs tables d'une utilité journalière.

On ne sauroit trop répéter, dans nos montagnes, combien il importe à la perfection d'un art, qui est en quelque sorte subordonné aux sciences exactes, de faire marcher ensemble la théorie et la pratique.

Avec des têtes aussi bien organisées, il faudroit, aux horlogers du Jura, un simple livre élémentaire, contenant des principes certains, exposés avec beaucoup de clarté: et que ce livre fut d'un prix assez modique pour devenir le *Manuel* de chaque famille.

Il seroit à désirer, pour une contrée qui paroît appartenir au domaine de l'industrie, que la génération présente produisit un écrivain assez impassible pour n'être pas subjugué par l'ascendant d'une haute réputation, assez instruit dans les sciences mathématiques et l'exécution des machines, pour réduire, en un seul volume bien concis, les Œuvres prolixes de Berthoud.

Et si les riches capitalistes du bourg de Morez fai-

soient un léger sacrifice pour les frais typographi-
ques, s'ils distribuoient l'ouvrage au prix d'exécution,
cet acte seroit regardé comme l'un des plus grands
bienfaits et le plus digne de la reconnoissance de
leurs concitoyens. Eh! que ne peut-on pas attendre
d'une classe d'hommes dont les pères souscrivirent,
avec enthousiasme, la promesse de fournir aux ap-
pointemens d'un jeune Artiste qui répandoit l'instruc-
tion dans les humbles ateliers, épars sur cette terre
agreste!.... mais aujourd'hui peut-être l'*auri sacra
fames* étouffe les idées libérales jusque dans ce can-
ton détourné:

« Et l'intérêt, ce vil roi de la terre,
» Pour qui l'on fait ou la paix ou la guerre,
» Triste et pensif auprès d'un coffre-fort,
« Y vend le foible aux crimes du plus fort:...

Hâtons-nous de repousser cette affligeante pensée!
Sans doute il existe encore au Jura des citoyens capa-
bles de dévouement à la chose publique; et former
des vœux pour cette intéressante patrie, ce seroit les
voir remplis par le civisme de Mr P.^{re} A.^{ie} P..... si,
par notre organe, leur expression pouvoit arriver
jusqu'à son cœur.

F I N.

TABLE

DES MATIÈRES.

Avertissement. page i

Avant-propos. 1

Chapitre premier. Du degré de justesse que l'on doit exiger d'une Horloge publique. 3

Des principales conditions qui doivent servir à l'établissement de l'Horloge publique. 4

Des moyens propres à remplir les conditions proposées. 6

Chap. II. Construction proposée pour l'Horloge publique. 10

Du mouvement de l'Horloge ou rouage qui sert à mesurer le temps. 15

De la sonnerie de l'Horloge publique. 20

De la boîte qui doit renfermer ou contenir l'Horloge publique. 27

Tableau du rouage de l'Horloge publique. 29

Additions. Art. Ier. Du pendule simple. 30

Précis des lois du pendule. Ib.

Problème I. La longueur d'un pendule étant donnée, trouver le nombre de vibrations qu'il doit faire en une heure. 32

Problème II. Le nombre de vibrations qu'un pendule fait par heure étant donné, trouver la longueur de ce pendule. 33

Usage de la Table des longueurs des pendules.   55

ART. II. *De la division du temps.*   36

ART. III. *Manière de tracer, sur un plan horisontal, une ligne méridienne, propre à régler les Horloges.*   58

Remarque.   40

ART. IV. *Tracer une méridienne par le secours
de l'Étoile polaire.*   41

ART. V. *Manière de régler une Horloge par
les Étoiles fixes.*   43

Observation.   46

*Table de la longueur que doit avoir un pendule
simple, pour faire en une heure un nombre
de vibrations donné.*   47

Table de l'accélération des Étoiles fixes.   50

*Table du temps moyen qu'une Horloge doit
marquer quand il est midi au Soleil.*   51

*Table qui marque les hauteurs que doivent
avoir les styles, pour des longueurs données
de lignes méridiennes.*   52

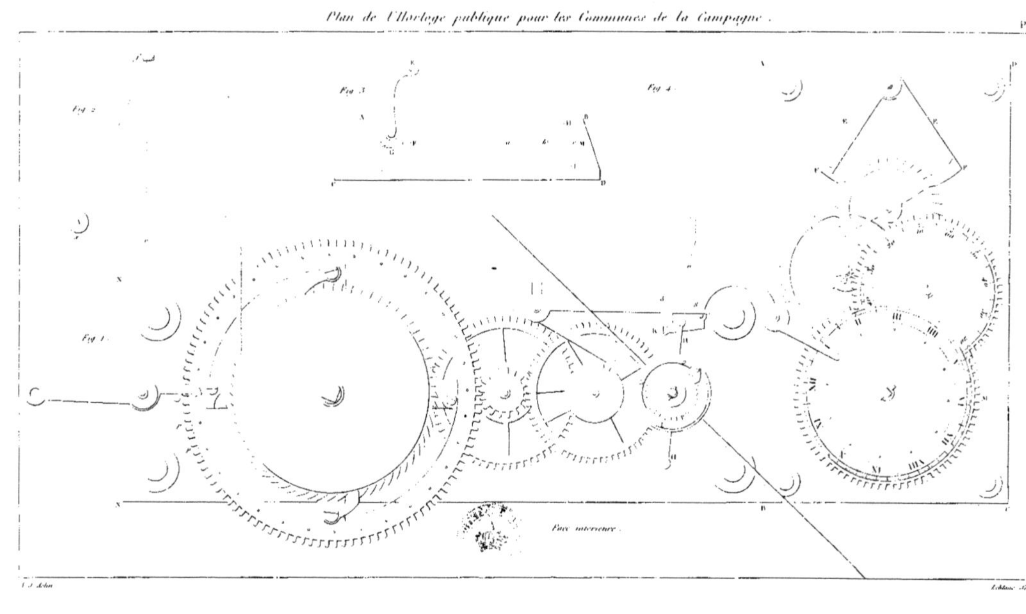

Fig. 2
Fig. 3
Fig. 4
Fig. 1
Face intérieure.

Pl. II
Fig. 2
Fig. 1
Face extérieure ou côté du Cadran .

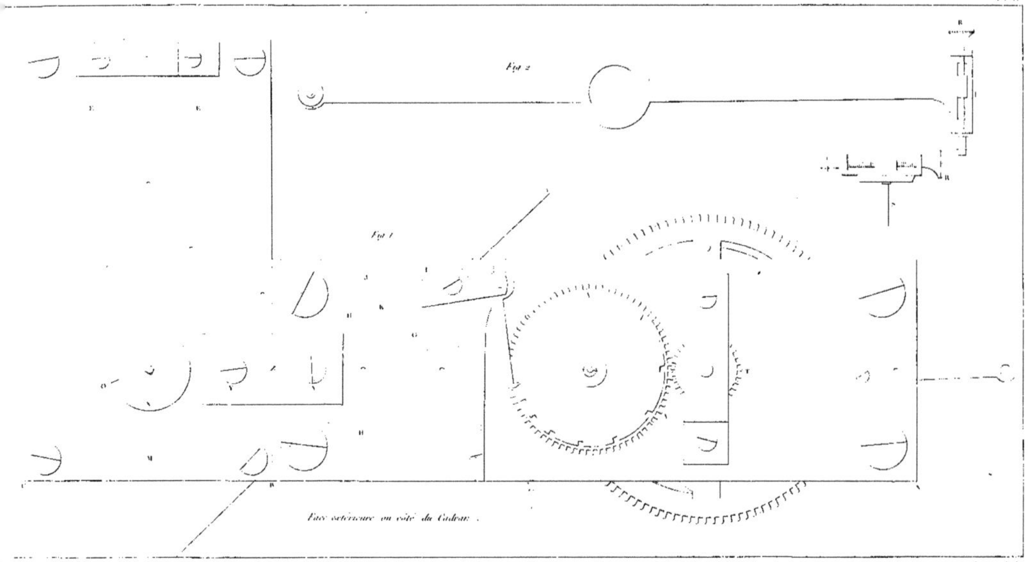

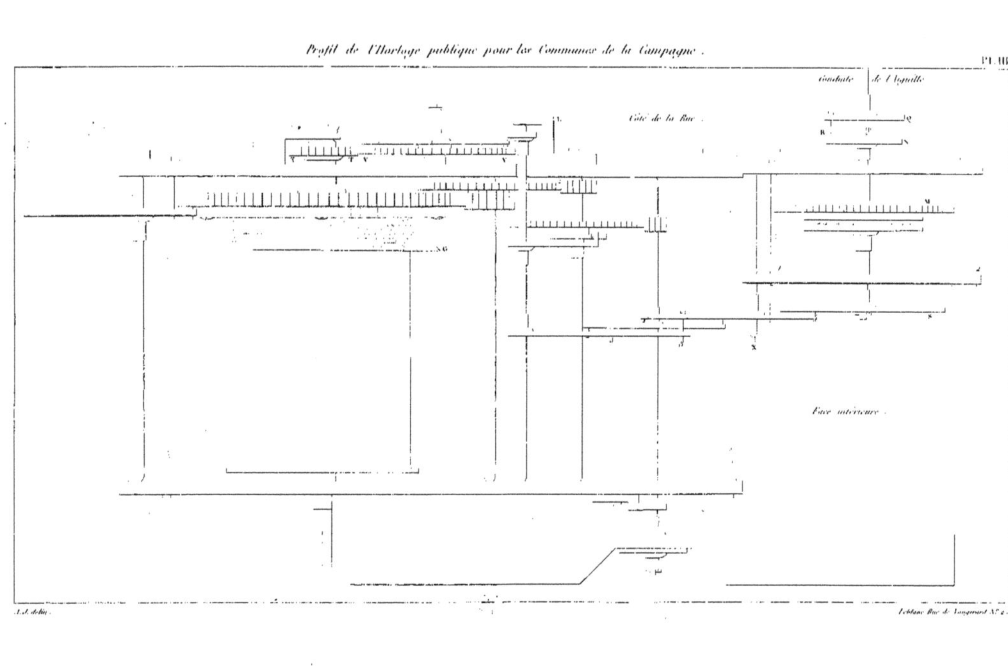
Profil de l'Horloge publique pour les Communes de la Campagne.
Pl. III.
Conduite de l'Aiguille
Côté de la Rue.
Face intérieure.
A.J. delin.
Leblanc Rue de Langevart N.º 4.

www.ingramcontent.com/pod-product-compliance
Ingram Content Group UK Ltd.
Pitfield, Milton Keynes, MK11 3LW, UK
UKHW020406180726
13839UKWH00003B/1265